AF466188

TRAICTÉ VNIVERSEL & succint des Fortifications des Places, tant Regulieres qu'Irregulieres, auec la maniere de les attaquer & defendre.

Par CH. COMMON, Ingenieur & Proffesseur és Mathematiques de la Maison & Academies du Roy.

DEFINITION.

FOrtification pris en general, est l'Art de tirer aduantage sur son Ennemy: Il se fait en deux manieres, A la Campagne & aux Places.

A la Campagne, il se fait en trois manieres.

La premiere est,

Loger, que l'on nomme Castramentation, qui est l'ordre de loger vne Armée en Campagne.

La seconde, Marcher, Auquel il faut considerer l'ordre que doit tenir l'Auant-garde, la Bataille & l'Arriere-garde, le lieu de l'Artillerie & Bagage.

A

La troisiesme, est l'ordre de combattre, Pour lequel il faut entendre les éuolutions militaires pour bien ranger vne Armée en Bataille, suiuant la Caualleric, Infanterie & Artillerie que l'on aura & le Terrin.

Aux Places, On considere la Fortification qui est par nature & par art, ou par tout les deux, & l'auantage ou desauantage que l'on en peut tirer : Celles qui sont fortes de nature sont celles-cy.

Le sommet d'vne Montagne, de Roc escarpé entouré de precipices, ou autrement.

Cette scituation à l'auantage de commander autour de soy, qui est cause que l'on ne peut faire les approches sans estre descouuert. Elle est aussi hors de mine & de Sape. Elle a aussi des defaux en ce qu'elle est difficilement secouruë de Gens & de viures, & qu'elle manque ordinairement d'eau, & qu'elle ne peut estre marchande à cause de la difficulté du charoy, & que le lieu est incapable d'auoir beaucoup d'Habitans.

Si le lieu est dans vn Marécage, il sera difficile à faire les approches, & le siege ne peut durer long-temps à cause de l'impureté de l'air : l'Hyuer apportera de la commodité aux Assaillans à cause des glaces.

Si elle est entourée de Mer en partie, il faudra deux Armees pour l'Assieger : Elle receura facilement secours. Mais elle doit estre tousiours sur ses gardes, d'autant qu'elle peut estre assiegée inopinement.

Si c'eſt dans vne platte Campagne, On ſe pourra retrancher facilement, faire des ſorties & receuoir du ſecours: mais l'on ſera ſuject à la Batterie & à la mine, auſsi on pourra faire montagne pour foudroyer dans la Place.

Les Places qui ſont commandees ſont à fuir, Si l'on ne fait vne Citadelle ſur ce commandement, car en ce cas elle apporteroit beaucoup d'auantage.

Fortifier vne Place par Art, c'eſt l'enfermer en telle ſorte qu'elle ſoit veuë des flancs l'vn de l'autre.

Flanquer, c'eſt voir par le coſté, eſtre flanqué, c'eſt eſtre veu par le coſté.

Vn lieu ne ſera pas dit fortifié, s'il ne peut reſiſter aux Machines de l'Aſsaillant, c'eſt pourquoy les places fortifiées à l'Antique auec des Tours quarées & rondes, ne seront pas dites fortifiées, mais ſeulemẽt celles qui ont des corps flãquans & flanquez capables de reſiſter à l'Artillerie.

Et ſes fortifications ſe diſtinguent en deux, qui ſont, Regulieres ou Irregulieres.

Les regulieres ſont celles qui ont les coſtez & les angles égaux, & les baſtions auſſi eſgaux, & eſgales auſſi en force par tout: & ces places prennent leur denomination de la quantité de leurs angles, s'expliquant par ces mots Grecs, dont le premier eſt la quantité des coſtez, & le ſecond la quantité de leurs angles, comme les ſuiuans, qui ſont, Le Trigonne ou Triangle qui a trois coſtez & trois angles eſgaux, il faut entendre le mesme des autres.

Le Tetragonne ou quarré, qui en a quatre.

Le Pantagonne en a cinq.

L'Exagonne, six.

L'Eptagonne, sept.

L'Octogonne, huict.

L'Eneagonne, neuf.

Le Decagonne, dix.

L'Endecagonne, onze.

Le Dodecagonne, douze. Mais pour les autres figures de plus de douze côtez, elles s'expliquēt les nōmans multilataires de tant de costez.

Definition des Lignes.

LA thoise à six pieds, le pied douze pouces, le pouce douze lignes, le pas Geometrique vaut cinq pieds, le commun trois, & en quelques lieux deux & demy.

LIGNES.

EF. costé du Poligonne ou de la figure interieure, & TV. est l'exterieur.

ES. ou RF. demy gorge.

SR. Courtine.

S. 11. RY. premier flang ou flang droict.

S. 15. ou 14. R. second flang ou flang oblique.

T. 11. ou YV. la face ou pend du Bastion.

HE. ou HV. Diagonale ou ligne du centre.

ET. ou FV. ligne capitalle.

15. V. ou T. 14. ligne de defence razante.

RT. ou SV. ligne de defence fichante.

Les nombres 3. 4. 5. 6. 7. represente diuerses

manieres de fosse-braye, qui est vne seconde defence qui se fait dans le fossé.

OPQN. represente diuerses manieres de glacis, où on ne peut estre enfillé.

DEFINITION DES ANGLES.

TOVT cercle à 360. degrez, ou petits arcs, le degré contient 60. minuttes, la minutte 60. seconde, l'angle droict est de 90. degrez, l'obtus est de plus de 90. degrez, & l'aigu moins de 90.

THV. Angle du centre.

DEF. Angle du Poligonne ou de la figure.

YVZ. Angle flanqué ou du Bastion.

T. 11. S. Angle de l'espaule.

SRY. Angle du flang.

15. VR. ou SVT. Angle diminué.

RZV. Angle double de l'Angle diminué.

T 2. V. Angle flanquant.

DV PROFIL.

AH. represente la Campagne.

AI. montée du rempart.

IL. rempart qui couure les maisons.

L. Banquet pour esleuer le Mousquetaire:

LMNO. Parapet auec son talu.

OE. est la berme au plasse de terre.

OE. Aux places reuestuës est esleué de dix pieds, & se nomme Conridor.

T. marque le relais & P. le Cordon.

PT. Chemise, muraille ou escarpe auec son talu, derriere laquelle se met des arboutans ou contre-forts.

TS. fonds du fossé.

VXYZ. Eſt la cunette qui ſe fait au foſſé ſec, qui ſert contre les ſurpriſes, & pour eſcouler les eaux.

SF. Contreſcarpe qui ne doit eſtre reueſtuë que legerement, & que la pante ſoit facile, afin que ceux qui viennent pour donner ſecours ſe puiſſent couler dans le foſſé.

FG. Chemin couuert ou chemin de la contreſcarpe.

G. Banquet pour faire tirer le Mouſquetaire.

GQH. eſt le glacis ou eſplanade, on doit oſter la terre ſi l'on peut, & y mettre des caillous & groſſes pierres, afin que l'aiſſaillant ne s'en puiſſe couurir en faiſant les approches.

Ce profil eſt facile à conſtruire par les perpendiculaires, qui ſont deſſus & deſſous la ligne de la Campagne AH.

Elles ſont determinées par les nombres des pieds, comme l'on voit eſcript ſur chacune d'icelle vne éminence de 7. pieds eſt dicte vn commandement.

PREMIERE PARTIE.

Traictant de la conſtruction des Fortifications regulieres à la nouuelle Françoiſe, fortifiant au dehors.

De l'Octogonne, Probleſme 1.

Pour fortifier l'Octogonne ABC, il faut diuiſer chaque coſté en cinq parties eſgalles, & en prendre vne cinquieſme ſur chaque extremité comme AI. BD. BH. CK. puis ſoient eſleuez les flancs perpendiculaires ſur les extremitez des courtines comme I M. D E HG. KL. qui doiuent eſtre chacun de quatre cinquieſme de la demie gorge BD. ou BH. Apres ſoit traſſé la ligne GE. de l'extremité d'vn flanc à l'autre, laquelle ſoit couppée en deux parties eſgalles & à angles droicts par la ligne capitalle B N F. puis ſoit fait N F. égalle à N E. ou N G ſon eſgalle, puis ſoient tirees les lignes GF. & F E. qui ſeront les pans du Baſtion & ſoit ainſi fait de tous les autres, Ie mets la conſtruction de cette figure Octogonnalle, la premiere, d'autant que c'eſt elle qui a la premiere, les angles flanquez rectangles & de plus, c'eſt que les reigles de ſa conſtruction ſont vniuerſelles pour l'Eneagonne, Decagonne & toutes les autres figures qui ont plus de coſtez : ie reſerue les ſuputations des figures tant en lignes ſuperficies qu'en corps, & meſme la deſpence que l'on peut faire en ce trauail pour la Geometrie Pratique.

De l'Eptagonne, Probleſme 2.

POVR la conſtruire, les coſtez de la figure AB. B C. ſeront diuiſez en cinq parties eſgalles, deſquels les trois du milieu ſeront pour la courtine, & les deux autres pour les demie gorge, ſur les extremitez des courtines ſoient eſleué des Perpendiculaires DE. HG. qui doiuent eſtre de quatre, cinquieſme, de la demie gorge, & les ſeconds flangs I Q. QD. HQ QK. ſeront eſgaux à la demy gorge, puis ſoient traſſée les lignes de defence QEF. & QGF. qui formeront les pans & angles flanquez des Baſtions.

De l'Exagonne, Probleſme 3.

Cette figure ne difere en rien de la precedente pour ſa conſtruction, ſinon que les flancs droicts & obliques ſont égaux : contenant chacun quatre cinquieſme de la demy gorge.

Du Pantagonne, Probleſme 4.

Cette figure ne difere en rien de l'Eptagonne pour ſa conſtruction, ſinon que les flancs droicts & obliques ſont eſgaux, contenant chacun trois quarts de la demy gorge.

Du Quarré, Probleſme 5.

Cette figure ne difere en rien de l'Eptagonne pour ſa conſtruction, ſinon qu'il n'y a point de flancs obliques, & que les flancs droicts ſont de deux tiers de la demie gorge, il faut tirer les lignes de defences KGF. & IEF. qui formeront les pans & angles flanquez des Baſtions: cette figure ſert ordinairement à faire vn fort de Campagne, & meſme pour vne Citadelle comme celle du Havre de Grace, elle ſe trouue defaillante en ce qu'elle eſt fort petite, & qu'elle a les angles flanquez fort aigus : mais non pas tant que celle qui ſuit.

Du Triangle, Probleſme 6.

Cette figure ne difere en rien de l'Eptagonne pour ſa conſtruction, ſinon qu'il n'y a point de flangs obliques, & que les flangs droicts ſont de la moitié de la demy gorge, on ſe ſert

rarement

ratement de cette figure, à moins que la scituation soit fort aduantageuse, & que l'on ne puisse faire autre chose, c'est comme est le mole de Ligourne.

Des Fossez. Problesme 7.

Soit trasses des lignes paralelles aux face L O. & G F. & esloignez d'iceux de la grandeur du Flanc si le poinct P. empesche que le pand du bastion ne soit veu, il l'a faudra retrancher.

Des places d'Armes, problesme 8.

La place d'Arme, doit auoir pour sa diagonalle (aux figures de six & de plus de costez) vn quin de salle de la place HE, & aux figures de moins de costez, elle pourra estre d'vn quart, il y peut auoir du couuert, comme à la place Royalle, elle doit estre au milieu de la ville, la ruë qui est entre les habitations & les ramparts est aussi nommée la ruë de la place d'Arme.

Des ramparts, parapets & Couridor, probl. 9.

Ils se peuuent trasser selon les nombres descripts au profil, ou bien l'on peut trasser des lignes au dedans de la place paralelle aux costez de la figure, & éloigné d'iceux de la largeur du fosé, & sera la fin du rempart, puis soient menées d'autres lignes paralelles aux pands Flancs & Courtines, & éloignez d'iceux du tiers de la largeur du fosé qui marquera le commencement du parapet, & soit retranché le tiers de cette derniere largeur ou moins, sur lequel se prendra le talu du parapet, & le reste sera le Couridor.

Du Compartiment de la place, problesme 10.

Il faudra partager l'espace qui est entre la place d'Armes & le rampart en partie esgalle ou moindre que la demy gorge, apres il en faut retrancher la largeur d'vne rue commençant du costé du rempart, apres du milieu de la courtine au centre de la place s'en doiuent mener d'autre, beaucoup ne veullent pas que l'on en trasse qui aille du bastion au centre de la place, de peur que le bastion estant pris la place d'Arme ne soit enfillée.

Des Cauallicrs, problesme 11.

Sont grandes masses de terre éleuees au dessus des ramparts d'vn commandement ou plus, ils doiuent estre asez grands pour manier dessus deux ou trois pieces d'Artillerie, il se forme & figure selon la commodité du lieu, on les peut mettre sur les courtines & autres lieux, mais non au milieu des bastions, d'autant qu'il empesche de combattre & de se retrancher.

Des Orillons, Problesme 12.

Les orillons sont de grandes masses qui s'appliquent sur les deux tiers du flancs pour couurir l'autre pour les cõstruire, il faut trâser vne ligne du poinct A, à l'angle flãqué & produire le pand du bastion iusques à ce qu'il couppe cette ligne, puis soit fait AB. de la moitié du flanc, puis soit fait DC. égal à BC. & soit trasse BD. qui formera l'Orillon quarré. S'il doit estre rond AB. ne sera que d'vn tiers, & sur DB. se formera vn arc moindre que le demy Cercle.

Des places basses Cazemattes ou flancs couverts, problesme 13.

L'on fait ces places vn peu au dessous du rez de chaussée, leur largeur se met du tiers du flanc s'il y a des orillons, sinon on la faict de la moitié du flanc, leur profondeur doit estre de la moitié du flanc ou moins, on met des merlons qui sont des masses de matiere non sujecte à esclas pour couurir l'Artillerie & ceux qui les seruent, l'Artillerie tire par les embrasures que l'on couure apres de fronteaux de mire.

Pour les places hautes, ce n'est qu'vn parapet qui couure quelque piece d'Artillerie qui sont derriere celle-cy.

Des fauce-braye, problesme 14.

C'est vne seconde defence qui se fait dans le fonds du fossé, si elle n'est pas reuestuë, elle doit estre fresée, & le fossé palissadé, pour la construire, on laisse toute cette largeur de terre, qui va tout autour de la place , suiuant les nombres descripts au profil, pour leur grandeur & leurs formes, on suiura celle du plan, comme l'on voit au nombre 3. 4. 5. 6. 7. selon l'occasion pour espargner vn vuidange de terre , defendre la contrescarpe & empescher les mines, leurs parapets doiuent estre vn peu au dessous du rez de chaussée, afin que les coups d'artillerie de la Cazemate puissent passer par dessus, il ne s'en fait guieres deuāt le pand du bastion, à cause que le fossé est fort estroict à cet endroict, il a esté parlé de la contrescarpe & chemin tendant à l'explication du profil.

Des rauelins nommez vulgairement demy Lune. Problesme 15.

Sont pieces destachées qui se mettent deuant les Courtines, pour couurir en quelque sorte les Flancs lors qu'il n'y a point d'orillons, ils se mettent aussi deuant les portes afin qu'elle soit plus asseurée.

Pour les construire, on trassera vn triangle esquilateral ou issoselle sur la courtine, & ce qui excedera la contrescarpe sera le rauelin, s'il est trop petit, l'on pourra anticiper sur les demy gorge, autrement l'on pourra faire vn triangle rectangle sur le costé de la figure, & de ce qui sera au dela de la contrescarpe, l'on en retranchera les pointes des costez, en formant vne sorte de flanc à chaque costé, cela ce fait lors que le lieu n'est fortifié que de tourrettes, leurs fossez se font de la moitié du grand.

Des doubles fossez, problesme 16.

Il faut trasser vne ligne parallelle à la contrescarpe, & esloigné d'icelle de la largeur d'vne demy gorge au moins, & cela formera vne estoile autour de la place, comme l'on voit à Cœuarden au pays bas, le fossé se fait à discretion, l'on peut faire des rauelins & autres ouurages au delà. *Nota.*

Il faut que ce qui est plus proche du centre de la place commãde à ce qui en est plus esloigné, & tous les dehors se font pour tenir l'ennemy esloigné, ou pour conseruer quelque fauxbourg edifice ou autre lieu.

De la Construction.

Des demy Bastions, problesme 17.

Il faut diuiser GB. en trois parties egalles aux poincts AC. & que BE. soit perpendiculaire & égalle à CB. & soit trassé AE. apres du poinct C soit esloué CD. perpendiculaire qui formera vn demy bastion aux deux premieres figures où l'angle est droict ou aigu, mais si l'angle est obtus soit pris HD. du tiers de AH. & du point D. soit abaissé vne perpendiculaire qui formera le demy bastion.

De l'inuention d'vn demy bastion en retranchant. Problesme 18.

Si lon veut que la muraille seruent de pend du bastion soit prise LM. a discrection, comme du tiers de OM, sur LO. soit descript vn demy cercle, & soit posé le flanc LN. a discrection & tirée NO. qui sera la courtine, on fera des redans par ce problesme, sinon qu'ils sont plus petits.

Pour faire vn ouurage à Corne flanquée. problesme 19.

Soit trassé vn quarré sur la courtine & sur le costé qui regarde la Campagne soit trassé deux demy bastions par le problesme 17. ce qui sera au delà de la contrescarpe sera l'ouurage requise, son fossé se fait de la moitié du grand.

Pour trasser vne queue d'arondelle, problesme 20.

Si c'est deuant vne Courtine, il faudra trasser la figure par le 19. problesme, puis du tiers de la courtine par l'extremité du costé du quarré, soit trassé vne ligne qui rencontrera le pend du demy bastion, qui formera l'ouurage.

Pour trasser vne queue d'arondelle deuant la poincte d'vn bastion, problesme 21.

Soit produict la ligne capitalle, tant qu'elle soit esgalle au costé de la figure comme FZ. & au poinct F. soit mené vne perpendiculaire, qui soit produicte de part & d'autre du poinct F. en sorte que FG. & FB. soient esgalles à la moitié de la courtine puis des poincts B. & G. soient faits deux demy bastions par le Problesme 17. puis tirez les costez, & vous aurez la figure requise, on fera son fossé de la moitié du grand.

Problesme 22.

Pour trasser vne contre queuë d'arondelle cet ouurage ne ce fait que sur vne courtine trop longue pour la construire, soit diuisé le costé en quatre, & sur les deux parties du milieu soit fait vn ouurage par le 19. problesme, puis de l'angle flanqué du demy bastion de l'ouurage, soit trassé vne ligne au pied du flanc de la place ou ailleurs, & l'ouurage sera trassée.

Pour faire toutes ces ouurages à Cornes sans estre flanquée, problesme 23.

Il ne faut que produire les fasse des demy bastions iusques à la rencontre ou se fera l'angle rentrant, dans lequel on pourra faire des places basses pour la seureté.

Des demy Lunes, problesme 24.

Ils se font deuant les ouurages à cornes, suiuant les reigles donnees au problesme 15. mais ils sont moindres & n'ont qu'vn parapet.

De l'inuention de Couronner toutes sortes d'ouurages à cornes auec leurs demy Lune. problesme 25.

Il faut trasser vne ligne paralelle à la contrescarpe, & esloigné d'icelle d'vn tiers de son costé ou enuiron, & sur les lignes B A. soit formé vn demy bastion par le problesme 17: & aux poincts HH. soient faites deux places basses, & mesme deuant ces poincts se peuuent mettre de petites demy Lunes pour couurir ces places basses.

Des contre-gardes.

Ces pieces sont comme des rauelins accommodez à la poincte d'vn bastion, si elle tire leur defence des flancs, elle seroit fort aigue, on leur fait prendre quelque fois leur defence des rauelins ou autre dehors la demy gorge, est esgalle ou moindre que le pend du bastion la ligne capitalle est esgalle ou plus grande que la demy gorge, on arondit la gorge de cette ouurage pour luy donner plus de corps.

Seconde partie des Forts de Campagne en partie Reguliers.

Pour fortifier le triangle, quarré, pantagonne & autres figures auec demy bastions. problesme 26.

Il faut adjouster vn demy bastion ou deux à chaque angle, par le problesme 17.

Pour trasser vn fort à chemise. problesme 27.

Il se fortifie par le problesme 17. en faisant quatre demy bastions, sçauoir deux cõme à vne tenaille & deux qui flanquent les costez auec vn triangle rectangle ou esquilateral qui a pour Baze la moitié de BB.

Pour fortifier le triangle, quarré & autres figures auec des Bastions sur le milieu du costé, problesme 28.

Il faut diuiser les costez en cinq, & sur les extremitez de la partie du milieu, soit esleué des perpendiculaires esgalle à la moitié d'vne cinquiesme du costé, puis soit acheué les Bastions selon les reigles de l'Octogonne, les fossez se menent paralels aux pands & courtines.

Du Triangle à estoille, problesme 29.

Pour le fortifier, il faut diuiser chaque costé en cinq parties, & sur les parties du milieu soient trassé des Triangles esquilateraux qui flanqueront les costez de l'estoille.

Pour

Pour le quarré, pantagonne & plus des costez à estoille, problesme 30.

Les figures estant faites, & les diagonnalles tirées, il faudra faire l'angle flanqué de la moitié de l'angle de la figure, cette reigle est generalle pour le triangle, quarré, pantagonne & exagonne, mais pour les figures de plus de costez, l'angle diminué ne doit point exceder trente degrez.

Pour faire vne redoute, problesme 31.

C'est vn petit quarré sans flanc de dix pas de face esleué d'vn commandement, ils doiuent estre fossoyé, ramparé & fraizé.

De la Topographie qui est l'inuention de releuer vn plan, problesme 32.

Soit le plan A C D E F G. qui est sur la Campagne ou autre lieu qu'il faut releuer, il faut former vne eschelle, c'est à dire qu'il faut diuiser vne ligne en tant de parties esgalles que l'on voudra que l'on nommera petit pied ou eschelle, celuy-cy est supposé de 140. thoises, apres soit veu combien AC. contient de thoises, puis soit pris autant de parties esgalles sur l'eschelle, & cette grandeur sera la premiere ligne du plan, apres soient obseruez les angles A. & C. auec quelque instrument, lesquels soient rapportez aux extremitez de la ligne cy-deuant mesurée AC. auec vn rapporteur, puis soient mesurez les costez AG. & CD. qu'ils faut raporter comme ils se correspondent par le moyen de l'eschelle, & soit ainsi fait des autres, s'il se raporte exactement aux derniers costez & angles du plan, il sera releué iuste, autrement il y a erreur, c'est la maniere de releuer le plan des villes & Seigneuries.

De la iustification des angles du plan. problesme 33.

Il faut oster deux de la quantité des angles de la figure, & par le nombre restant, il faut multiplier 180. le produict sera la quantité de degrez que valent tous les angles de la figure, ensemble exemple, ce plan est de six angles, desquels ie iette deux reste quatre, par lequel ie multiplie 180. le produict sera 720. qui sera la quantité de tous les angles A C D E F G. ensemble.

S'il y a des angles renttans comme A H C. il les faut mesurer & les oster separement de 180. & ioindre les restes à la somme des angles, & l'addition doit estre esgalle à l'addition de tous les angles, cecy ce demonstre par la 32. du premier d'Euclide.

La Topographie par les lignes seulles, probl. 34.

Il faut reduire la figure en triangle, & rapporter chaque triangle par le moyen de l'eschelle, selon qu'ils se correspondent par le 22. problesme du premier liure d'Euclide, & vous aurez le requis, & mesme on peut faire vne carte de pays par cette reigle, suposant que A C D E F G. soient des Villes, bourgs ou autres lieux.

Troisiéme partie, traictant de la maniere de fortifier les places Irregulieres.

Problesme 35.

L'ingenieur auquel sera proposé de fortifier vne place, doit en releuer le plan le plus precisement que faire ce pourra, il doit aussi remarquer tous les lieux qui luy peuuent donner aduantage, afin de s'en seruir, & esuiter ceux qui luy pourroient nuire, apres il doit regarder s'il l'a peut rendre reguliere à peu de frais, sinon il doit regarder où il doit poser le centre des bastions, ce qui se fera en cette sorte.

Soit pris auec le compas 100. toises sur l'eschelle des parties esgalles, & de cette grandeur soient mesurez tous les costez, que s'il s'en trouue de 100. tout iuste, leurs extremitez seruiront de centre de bastions, s'il se trouue de 200. on mettra le centre d'vn bastion sur le milieu, ainsi de 100. toises en 100. toises, on mettra le centre d'vn bastion, s'ils sont esloignez de 120. ils suiuront les mesures du grand Royal, mais ils ne peuuét estre de guieres plus esloignés, ils ne peuuent estre aussi plus proche que de 80. toises, car en l'vn on pourroit exceder la portée du mousquet, & l'autre feroit plus de bastions qu'il ne seroit necessaire.

Pour fortifier vne place Irreguliere en angle seulement, problesme 36.

Soit pratiqué ce problesme sur la premiere figure, s'il y auoit vn angle moindre que 60. degrez, on ne pourra pas mettre vn bastion sur iceluy.

S'il y en auoit vn qui fut entre 60. & 90. degrez, il seroit fortifié suiuans les reigles du triangle descript au problesme 6.

L'angle A. qui est entre 90. & 108. se fortifie comme le quarré, suiuant le problesme cinquiesme.

L'angle C. qui est entre 108. & 120. se fortifie comme le pantagonne suiuant le problesme 4.

L'angle D. qui est entre 120. & 128. peu plus se fortifie comme l'exagonne, suiuant le problesme 3.

L'angle E. qui est entre 128. & 135. se fortifie comme l'Eptagonne suiuant le problesme second.

Les angles F. & G. qui sont entre 135. & 180. degrez, seront fortifiées suiuant le problesme premier, aussi bien que le bastion B. qui est sur le milieu d'vne ligne droicte, on peut faire les demy gorge de ce dernier d'vn peu plus d'vne cinquiéme.

Pour l'irregularité des costez, problesme 37.

Si les costez sont moindres de 90. toises, ils seront pattagez en quatre, & la courtine sera de deux quatriesme seulement, & il n'y aura point de seconds flancs iusques à l'Octogonne, s'ils] sont entre 90, & 120. toises, ils seroit fortifié suiuant le problesme precedent, s'il excede 120. chaque costé sera diuisé en 6, parties. dont la courtine en prendra quatre, & on fera le second flanc d'vne sixiesme du costé plus grand qu'à l'ordinaire.

Suplìement de l'Irreguliere, Problesme 38.

Il faut prendre pour reigle generalle, que les flancs ne soient iamais moindres de 10. toises, n'y guieres plus grands que vingt, que les demy gorge ne soient guieres moindre de vingt n'y plus de 25, s'il y a quelque costé fort petit, à l'extremité duquel il y ait des angles obtus, l'on peut esleuer le flanc sur l'extremité du costé, & mettre la gorge entiere sur l'autre, & acheuer le bastion qui sera fort Irregulier, si le costé est fort petit & les angles fort obtus, on pourra faire seruir ce costé pour vne gorge entiere, l'on se sert encore de plusieurs pieces pour corriger les defauts des places, comme de bastions retranchez en tenaille ou en angle rentrans simplement, des bastions retranchez en escallier (comme à la Rochelle,) de demy bastions, plates formes, redens moyneaux & autres que i'ay pratiqué sur cinq figures de plan où se trouue tous les defauts qui peuuent arriuer dans l'Irreguliere auec l'inuention de les corriger, la grandeur de chaque ligne s'y trouue escrite auec sa reigle, elles sont si intelligibles qu'il n'est pas besoin d'escrire pour les expliquer, mais si apres auoir fait nostre possible, il reste encore quelque defaut, il faudra auoir recours aux rauelins, contregarde, ouurages à cornes, queuë d'arondelle, doubles fossez couronne & autres.

Pour fortifier le quarré long, problesme 39.

Il faut fortifier les quatre angles droicts, suiuant le problesme 5. & faire vn bastion sur le milieu du grand costé, suiuant le problesme 36.

Pour fortifier le rombe, problesme 40.

Il faut faire deux bastions suiuant la grandeur de leurs angles obtus, suiuant le 36. problesme, ou bien vn entier seulement, & deux demy par le problesme 17.

Pour fortifier vne oualle, problesme 41.

Il faut trasser le plus grand diametre, ou le plus petit qui marqueront deux centres de bastions, puis par le problesme 36. on cherchera le centre des autres bastions, apres l'on acheuera la figure, selon le plan, suiuant le problesme 36.

Pour fortifier le grand triangle esquillateral. problesme 42.

Il faut diuiser chaque costé en six parties esgalles, desquelles il en faut retrancher vne sur chaque extremité, puis soient esleué AB. & CD. perpendiculaire de la moitié d'vne sixiesme du costé. & soit ainsi fait sur tous les autres angles, & soit trassé les lignes de defences rasantes, comme l'on voit.

Des Couronnes, problesme 43.

Soient esleué deux perpendiculaires sur le milieu de la courtine de la grandeur de quatre cinquiesme du costé, comme HN. & A. 2.& des poincts N. & 2. soient menées des lignes paralelles aux costez de la figure qui se rencontreront au point S. puis soient faits deux demy bastions au point 2. & N. suiuant le 17. problesme, & vn bastion au poinct S. suiuant le problesme 36. s'il y auoit quelque faux bourg que l'on voulut conseruer qui fut grand, l'on pourroit faire vne Couronne qui auroit plusieurs bastions entiers, & deux demy aux extremitez.

Des Citadelles, problesme 44.

Les Citadelles se font pour tenir les habitans en bride, soit crainte de rebellion ou autres choses, elles doiuent estre en telle sorte qu'elle puisse foudroyer la place quand elle voudra, mais il faut que la place ne luy puisse nuire, il faut qu'il y ait vn esplanade tout autour, pour empescher quelque surprise, ses citadelles sont quelques fois quarrees, mais ordinairement pantagonnale, i'ay fait deux plans où se voyent la maniere comme elles se joignent aux places où l'on voit que les courtines de la Citadelle enfille le fossé de la place.

Des places commandées, & pour se fortifier à la haste contre vn commandement.

Problesme 45.

Il faut faire vne citadelle sur ce commandement, ou bien l'entourer d'vne Couronne, s'il n'est pas de grande estenduë, sinon il en faudra prendre vne partie pour s'y retrancher, si l'on n'a pas le temps de faire toutes ces choses & que l'on soit surpris, à l'improuiste il faudra esleuer des terrasses auec des gabions aux lieux que l'on veut couurir & qui peuuent estre enfilez, & les flancs doiuent estre couuerts comme des redans, les habitans doiuent oster des greniers toutes les pailles & autres choses où les bombes peuuent mettre le feu, si l'on a du temps l'on pourra faire des ouurages à cornes fort longues qui auront des lignes de communication, comme a des approches la terre que l'on tire se doit iecter du costé du commandement, par ce moyen on contraindra l'assaillant de gaigner pied à pied.

Pour fortifier les places Maritimes, problesme 46.

L'on pourra faire vn port en figure oualle ou quarrée selon la commodité du lieu, ce lieu sert à mettre les vaisseaux à seureté, l'entrée doit estre fortifiée de deux bastions ou tours : il faut que les Cazemates soient à fleur d'eau, afin qu'elle puisse essuyer la mer d'vn seul tir, tout le contour de la place que la mer laue doit estre reuestu de pierres de Taille, à cause que la mer mine fort, si le fond n'est pas ferme, on pourra bastir sur pilotis, on pourra aussi faire en sorte que la mer demeure tousiours dans les fossez par écluses ou autrement.

Quatriesme

Si l'entrée d'vn haure ou port est de facille abord, & que l'on craigne des surprises, on pourra faire vne citadelle qui commande sur iceluy.

Quatriesme partie, contenant diuerses manieres de fortifier tant en dehors qu'en dedans.

Pour fortifier à la maniere du Cheualier Deuillé, problesme 47.

Il supose chaque costé de 150. ou 180. pas Geometrique, il diuise chaque costé en 6. parties dés le triangle, c'est à dire que les courtines seront de quatre cinquiesme, & les demy gorge chacune vne, le triangle & le quarré s'acheue suiuant le cinquiesme & sixiesme problesme, il fait le flanc droict du pantagonne & de l'Exagonne, &c. d'vne sixiéme du costé, il acheue le pantagône comme le quarré & l'Exagonne & tous les autres, comme nous auons fait l'Octogonne au problesme premier.

Pour fortifier à la Venitienne, problesme 48.

Ils suposent chaque costé de 200. pas ou mil pieds qu'ils diuisent en six parties dont la courtine en tient quatre, & les demy gorge chacune vne, les flancs se feront perpendiculaires & esgaux aux demy gorge, pour les seconds flancs, ils seront d'vn tiers iusques à l'Octoctogonne, & à l'Octogonne & à tous ses autres de plus de costez, ils seront de la moitié de la courtine, si bien que les angles flanquez viendront obtus aux figures de beaucoup de costez.

Pour fortifier à l'Espagnolle. problesme 49.

Ils suiuent les maximes des Venitiens, ormis qu'ils ne mettent point de seconds flancs, mais ils ne supposent le costé que de 900. pieds & mesmes moins, si l'on veut faire des orillons, l'on suiura le problesme 12. c'est presque la maniere de fortifier de Steuin, duquel l'inuétion des escluses qu'il a faites sont fort belles.

De l'inuention de fortifier en dedans, suiuant les maximes de fortifier à la Hollandoise. problesme 50.

Il faut que l'angle flanqué excede le demy angle de la figure de 15. degrez, iusques à ce que l'angle flanqué soit droict, ce qui arriue au Dodecagonne pour la proportion des lignes, si la courtine est 25. le pand doit estre 20. & la flanc 8. pour le triangle son flanc n'est que de quatre, pour le quarré son flanc est de 6. le pantagonne de 7. & quelques fois de 8, comme aux autres. *Exemple de l'Exagonne.*

Soit pris A B. a discrection sur l'extremité de laquelle soit fait l'angle diminué D A C. de 22. degrez & demy, soit le pand A C. de 20. (ou 200. pieds) & du poinct C. soit abaissé C D. perpendiculaire, laquelle doit estre produitte en G. & soit fait D E. 25. (ou 250. pieds) & soit fait FEB. semblable à ADC, & soit faite CG. & HF, chacune de 8. (ou 80 pieds) & soit trassé la courtine GH. & vous aurez la tenaille chere AB. & sur AB. comme costé, soit trassé vne Exagonne comme l'on voit, & soit ainsi fait des autres figures.

Pour fortifier en dedans suiuant les manieres d'Erar, probleme 31.

Les figures estant trassées, l'angle diminué du triangle sera 7. degrez & demy au quarré de 10. au pantagonne 12. & demy, qui est le quart du demy angle de la figure, pour auoir cét angle aux autres figures, il faut oster 45. du demy angle de la figure, & le reste sera l'angle diminué.

Les lignes de defences estans trassées, il faut diuiser le demy angle du bastion en deux égallement par la ligne estant le quart AD, & BD. sera la demy gorge, les flancs peuuent estre perpendiculaires sur le costé de la figure ou sur la ligne de defence, puis soit trassé la courtine DG. & soit ainsi acheué la figure pour l'irregulier, il faut former vne table des soutandantes de 2. 3. ou plus de costez, aussi bien qu'en la precedente, ce qui se peut faire par le compas commun, ou par les sinus.

Autre maniere de fortifier fort moderne, Probleme 32.

Les figures estant faites, & les diagonnalles tirees, les costez estant supósez entre 160. & 200, on abaissera des perpendiculaires sur les costez opposez sur lesquels seront pris 17. pour le quarré, & 30. pour les autres, & par ce poinct soient trassé des lignes de defences sur lesquels seront pris les pands des bastions de 50. 55. ou 60. selon les costez & des extremitez de ces pands, soient trassez des perpendiculaires, sur les lignes de defences opposées, apres soit trassé les courtines, & vous aurez la figure dont les flancs parestront fort extraordinaires.

De la perspectiue Militaire, problesme 13.

C'est vne maniere de faire paroistre vn plan sans en changer la forme, elle se fera en cette sorte, il faut abaisser des perpendiculaires de tous les angles de la figure, sur la ligne de terre qui doiuent estre d'vn tiers du flanc, & de l'extremité d'vne perpendiculaire à l'autre soient tralsé des lignes qui representeront le pied des murailles.

Mais d'autant que la courtine S R se voit de fronc, il faudra trasser vn triangle esquilateral sur icelle, & vn autre du poinct Y. a r. sur lesquels seront prises quatre parties au lieu de perpendiculaires, & sera acheué la figure, comme l'on voit.

Pour l'ombre, le iour estant supposé d'vn costé, l'ombre sera à l'opose, mais c'est vne ombre à la maniere de celle qui est causée par le Soleil, dont les lignes sont paralelles.

L'on peut aussi releuer vne figure sur l'angle du centre, quoy qu'elle soit fort estrange, on la practique quelques fois.

Pour trasser sur la Campagne, problesme 54.

Si le lieu estoit vny, & que l'on obst le centre de la place, il se feroit comme sur le papier, mais d'autant que cela arriue rarement, on trasse par le moyen de l'angle de la figure qui se trouuera en cette sorte, il faut diuiser 360, par la quantité des costez, & ce qui viendra au cotien doit estre soustraict de 180. le reste sera l'angle de la figure au triangle, il sera de 60. au quarré 90. au Pantagonne 108. à l'Exagonne 120. à l'Eptagonne 128. & trois septiesmes, à l'Octogonne 135. à l'Enneagonne 140. au Decagonne 144. à l'Endecagonne 147. au Dodecagonne 150. pour toutes les autres, elles se doiuent faire comme sur le papier, on doit remarquer que s'il y a quelque commandement que l'on ne puisse euiter, il faut mieux qu'il soit opposé à la courtine qu'en aucun autre endroict, pour euiter l'erreur, on peut trasser de plusieurs manieres par les suiuandantes comme l'on verra par la practique.

Cinquiesme partie, contenant l'attaque & defence des places.

De l'attaque des places par surprise. problesme 55.

Les places se peuuent expugner (c'est à dire prendre) en plusieurs manieres, dont la prise d'amblée ou de viue force est la meilleure si elle est bien executée, mais lors que l'on aura dessein de prendre quelque place, il en faudra auoir le plan, c'est à dire la corographie du lieu le plus iuste que l'on aura pû le releuer, & toutes les montagnes & montagnettes, riuieres & ruisseaux qui sont aux enuirons, car il n'y a rien qui ne puisse seruir ou nuire : il doit auoir la corographie des lieux & villes circonuoisines, afin de sçauoir d'où il pourroit tirer du secours, mais la maniere de releuer le plan d'vne ville ennemie, consiste au jugement & à l'experience de l'ingenieur, qui doit remarquer toutes les Particularitez, pour faire son rapport au Conseil de guerre pour resoudre comme on la doit attaquer, pour l'escalade elle n'est plus en vsage, c'estoit l'ancienne maniere de prendre les places qui ne peuuent reüssir, pour le present qu'aux places mal gardées, mais l'on inuente tous les iours diuers moyens pour surprendre les portes, ou pour faire entrer des Soldats par quelque égoust, pour fauoriser l'entrée de ceux qui sont au dehors, lesquels doiuent estre munis de ponts volans, de petars de mantelets, de machines à rompre les serrures & autres choses necessaires qui seroient trop longues à desduire, Aussi tost que l'on sera entré, il se faut saisir du gouuerneur si l'on peut, & s'emparer de la place d'Arme, afin d'empescher qu'il ne s'assemble il faut empescher que les Soldats ne s'amusent au pillage, car ces choses se doiuent executer si promptement que l'assaly n'ait pas le temps de ce reconnoistre.

Des longs sieges, problesme 56.

Si l'on ne peut surprendre vne place, & & qu'elle soit fort populeuse, il faudra desployer toutes ces forces pour ce resoudre au long siege, qui est d'empescher qu'il n'entre rien dans la place, afin qu'apres auoir mangé leurs viures, on les contraigne de venir à composition, l'on remarquera que l'on ne peut pas assieger les places desquelles on peut innonder la Campagne, comme aux villes de Zelande: comme aussi les ports de mer si l'on ne peut les boucler de quelque digue, comme on fit à la Rochelle, mais il faut aussi deux armées, l'vne naualle & l'autre sur terre, l'on ne doit pas assieger par cette maniere les lieux où il faut peu de monde à les garder, d'autant que si peu de viures qu'ils ayent dans le lieu c'est pour long temps, c'est pourquoy l'on seroit plustost incommodé qu'eux.

Il faut aussi voir si l'on peut resister à ceux qui pourroient venir pour secourir la place & couper les passages des viures aux assiegeans, & faire vne contre-valation comme le Marquis de Leganez fit à Thurin, c'est pourquoy ces passages doiuent estre fortifiez, le tout estant consideré, si l'on se resoult à vn long siege, il faut que ce soit vn peu deuant qu'ils fassent la recolte, ce doit estre si l'on peut en quelque iour d'assemblée, comme de foires ou ieux publics, afin qu'il y ait plus de monde dans la place.

L'on doit faire vne circonualation tout autour de la place, c'est à dire vn fossé qui doit estre esloigné de la place de la portée du Canon, la terre de ce fossé se doit jetter du costé du camp, cette ligne se fortifie des rauelins, de demy lunes & redoutes, qui sont de petits forts quarrez sans flancs de dix pas de face : Ils se font à cent cinquante pas l'vn de l'autre, afin que la ligne soit defenduë du mousquet: cette ligne se fait pour empescher les sorties de ceux de la Place, qui pourroient quelques fois enleuer quelque Quartier, & pourroit venir en vn temps premedité pour faciliter le secours qu'il leur pourroit venir : Dans ces redoutes se mettent des arquebuzes à croc pour aller chercher le loin, le fossé doit estre large de dix ou douze pieds, & profond de cinq ou six, & si l'on est molesté du Canon, l'on fera des parapets de douze ou quinze pieds de large. Et si l'on n'est pas Maistre de la campagne, l'on fera vne autre ligne esloignée de celle-cy de deux cens pas ou enuiron, qui sera la largeur du Camp, cette ligne se fortifie auec des forts qui se font à 300. ou 400, pas l'vn de l'autre. La maniere de construire ces forts a esté donnée cy-deuant comme forts à estoiles, triangles fortifiez auec Bastions sur les costez, quarrez & triangles fortifiez auec bastions ftions ſur les angles : au milieu de ſes forts ſe font des redoutes où l'on tient des corps de gardes, qui font que la ligne eſt toute flanquée de mouſquetades, comme auſſi de l'Artillerie qui porte d'vn fort à l'autre : s'il y a des ponts ils doiuent eſtre fortifiez pour la ſeureté du camp. L'on doit mettre des Cheuaux de frize ſur les paſsages : Dans chaque fort il doit y auoir cinq ou ſix cens hommes, qui ne ſont que pour les garder. Il doit y auoir vne Armée qui voltige tout autour pour empeſcher que le ſecours ne force les lignes pour rauitailler la Place : ces lignes ſe nomment defenſiues.

Des ſieges par force, Probleſme 57.

C'eſt la maniere la plus vſitée de prendre les Places, tant plus il y aura de gens & tant mieux ſera, pourueu qu'il y ait des viures pour les gens de guerre, & du fourrage pour les cheuaux ; car autrement ils ne pourroient pas ſubſiſter.

Errar dict que l'on peut prendre deux mil hommes pour chaque baſtion, & pour chaque mil d'hommes vn Canon, cela ne ſe peut preſcrire, car le plus eſt le meilleur.

La premiere choſe que l'on fait à vne Place que l'on veut aſſieger, c'eſt de faire le degas, ce qui ſe fait par la Cauallerie qui va tout autour de la Place, rauageant tout ce qui peuuent ſeruir à ceux de la Place conſeruãt ſeulement les choſes qui peuuent ſeruir au campemẽt. Apres, l'vn des generaux, cõme vn Mareschal de Camp, accõpagné des Ingenieurs, doit reconnoistre la Place luy mesme, & voir les endroicts les plus propres pour faire les approches, & le lieu où l'on doit faire les attaques, & on doit faire ainsi tout autour : en ce temps l'on mettra des sentinelles par tout, & l'Armée sera en bon ordre pour soustenir quelque sortie s'il en arriuoit : Apres, on fera son raport au Conseil de Guerre, pour resoudre l'endroit où l'on doit faire l'attaque : si l'on doute, on prendra la pluralité des voix.

Apres l'on fera les aproches du costé où l'on aura resolu d'attaquer : ce qui se fera par les Enfans perdus qui doiuent estre escartez çà & là aux lieux qui sont enfillez où descouuerts de la Place : Ils peuuent auoir des mantelets, rouller des gabions deuant eux, iusques à ce qu'ils soient enuiron la portée du Canon, où il se faut arrester & se retrancher toute la nuict faisant bonne garde, de peur de quelque sortie qui pourroit estre faite auec aduantage, se retirans à la faueur de leurs Canons, apres l'on distribuëra les quartiers, donnant les attaques principalles & les lieux plus aduantageux aux premiers Regimens, & aux autres ensuitte selon le rang qu'ils tiennent. Il sera traicté de cecy à la Castramentation.

Le Camp estant fortifié de ligne defensiue l'endroict où il a esté resolu ; l'on commencera la tranchée, où l'on doit obseruer qu'elle ne ſoit pas enfillée d'aucun lieu, n'y des ouurages dehors de la Place, qu'ils ſoient aſsez haut pour couurir vn homme, & que leurs couuertures ou parapets ſoient s'ils ſe peuuent à l'eſpreuue du fauconneau, & que ce ſoit de matiere qui ne ſoit pas ſujecte à eſclats & à certaine diſtance, il doit y auoir des lieux forts pour tenir des Soldats, pour repouſser les ſorties : Ils doiuent eſtre hauts de ſix ou ſept pieds au deſſus du rés de chauſſée, afin de commander à la Campagne.

Les premieres lignes que l'on fait ſont preſque toutes droictes, & vont rendre de ce fort aux redoutes des lignes defenciues, & ces lignes ſont nommées lignes de communication : elles ſeruent pour aller en garde, pour ſe ſecourir les vns les autres. Mais de ce fort ou redoute, l'on fera auſſi des lignes pour aller aux batteries & pour approcher la Place, ce ſe qui ſe fait touſiours enquiuant la Place.

De ſes tranchées, il s'en fait de pluſieurs façons, en ſerpentant, comme il a eſté deſcript, d'autres toutes droictes, qui ſont couuertes par l'éminence des redoutes qui la fortifient, & ſe peuuent faire larges de quatre pas, depuis le Camp iuſques à la graude redoute, & & de là iuſques aux batteries, afin que l'on puiſse charroyer toutes les munitions, les autres ſe feront larges de dix ou douze pieds ſeulement, & profonde de ſept, la terre que l'on tirera ſe jettera du coſté de la Ville, y meſlant des fassines : mais à celles qui sont proches de la Place, l'on n'y en met point de crainte du feu que l'on pourroit jetter. L'on se couure encore de binde ou saussissons, qui sont des fassines de joncs & de terre-glaise meslez ensemble : si le lieu est sablonneux, l'on se peut couurir auec des gabions les emplissans de bonne-terre : C'est ce que l'on peut dire des approches.

Des Batteries, Problesme 58.

D'autant que les Assiegez molestent trop ceux qui font les approches, il faut faire quelque batterie pour rompre les parapets & autres defences, afin qu'ils ne puissent nous offencer sans estre descouuerts : mais ces batteries ne peuuent rompre la muraille n'y faire bresche, à cause de leur esloignement : c'est pourquoy il en faut auancer d'autres qui doiuent auoir au moins 15. ou 18. pieces d'Artillerie pour vne attaque qui seront mises en trois camarades ou batteries, qui sont ordinairement croisez, qui seront esloignez les vns des autres de 15. ou 20. pas : mais tant les tranchées que les batteries doiuent estre faites de nuict; afin que l'ennemy par ses sorties & à coups de Canons ne nous empeschent. Il faudra aller de nuict auec toute l'Artillerie au lieu le plus éminent pour camper les batteries, l'on y fera leuer des ramparts qui seront faits d'vn rang ou deux de gabions, s'il n'y a pas de contre-batterie ; car en ce cas, il faudra enfoncer les batteries dans terre & estre planchayées d'aix : Leur gtandeur se prend selon la quantité des canons qu'il doit y auoir, ils doibuent estre vn peu en penchant, afin que l'Artillerie se couure par son reeul. Il faut que l'Artillerie soit en estat, & qu'elle soit retranchée deuant l'aube du jour, afin qu'aussi-tost que l'on verra le pan du bastion on le puisse salüer : Il faut aussi que les tranchées soient assez larges & profondes pour mener par charroy les munitions : mais durant ce trauail il doit y auoir bonne garde pour repousser les sorties. s'il en arriuoit.

De la mine, Problesme 59.

L'inuention des mines est fort ancienne, car elles estoient en vsage deuant l'inuention de la poudre, depuis l'on a trouué le moyen de la faire agir auec beaucoup plus de violence: Autres-fois l'on conduisoit l'allée de la mine par dessous le fossé, mais maintenant on s'attache au pan du bastion (à la faueur de l'Artillerie qui est logée sur la contr'escarpe, & aussi des mousquetaires qui tirent continuellement) estans couuerts de quelques mantelets, l'on arrache les pierres auec des machines & quand il y a lieu pour deux personnes ils y viennent, & apres d'auantage, ils font vne taillade : Et s'ils font trois fours, celuy du milieu nuit plus qu'il ne sert. Le four se fait large de 4. ou 5. pieds, long de 5, ou 6 au plus, haut de 4. ou 5. pieds; L'on met la poudre à proportion de la terre qu'on en veut faire sauter : Apres il faudra boucher le four en telle sorte que la mine ne puisse estre esuentée : si le lieu est humide, l'on pourra mettre la poudre dans des sacs gouldronnez. Il faut prendre garde que la traisnée & amorce ne s'estouffe & face manquer la mine.

Pour donner l'Assault, problesme 60.

La bresche estant faite, soit par batterie ou par mine, le fossé doit estre remply de fassines, de terre & de tout ce que l'on pourra, apres il faudra donner l'assault le plus viuement que faire ce pourra, & ne pas perdre temps de se couurir, & apres faut voir les retranchemens qui seront faits derriere afin de les ruyner, que si l'on a descouuert qu'il n'y en ait point, il faudra poursuiure de la mesme violence, ce qui seroit trop long à desduire en le particularisant.

Comme l'on doit leuer le Siege, Problesme 61.

La maladie, le manque de viures & de munitions affoiblit tellement l'Armée qu'on peut estre contrainct de leuer le siege, qui pourtant doit estre secret, lors que ceux de la place sont forts. On fera marcher la pluspart du Canon, les viuandiers, les femmes & les malades, apres en se retirans de nuict, on laissera les feux dans les corps de gardes & des mesches allumées en plusieurs endroicts, pour faire croire que se sont des sentinelles. Et si on leue le Siege pour vne autre occasion que la foiblesse, il faudra leuer le siege en plain iour & mettre le feu à tout ce qui peut seruir, l'Armée doit marcher en bon ordre le tambour battant.

De la Defence, Problesme 62.

Lors que l'Ennemy vient assaillir, il le faut saluer de toute l'Artillerie, mais il ne faut pas que cela dure, de peur de consommer les munitions mal à propos, ains seulement aux occasions, pour tenir l'Ennemy en continuelle crainte. Il faudra faire ensorte de tenir tousiours l'Ennemy esloigné par le moyen des dehors, car lors que le fossé est gaigné, le reste ne dure plus guieres, c'est pourquoy il faut defendre les dehors obstinement, mais l'assaillant estant tousiours plus fort lors qu'il aura gaigné les dehors & qu'il aura aduancé son Artillerie sur la contrescarpe, il fera bresche, soit par Mine ou par batterie, & lors que l'on ne peut faire des contre-batteries, & que par les Contremines on ne peut découurir les mines de l'assaillant, il faudra tenir ce lieu là comme perdu, c'est pourquoy il faudra faire aporter tout ce qui sera propre pour se retrancher, ces contre-mines ce faisoient autresfois dans le fondement de la Muraille, mais elles l'affoiblissoient, maintenant on les fait en croix sous les fondemés du terre plain auec plusieurs soupiros. Si la pointe du bastion est ruinée par mine ou par batterie, il se faudra retrãcher en tenaille ou en angle rentrant : on en fera de mesme si la ruyne est au pan du bastion ou à l'angle de l'espaule, & si les bastions sont ruynez, on fera les retranchemens generaux qui se font dessus ou derriere les ramparts, & si on ne peut repousser l'Ennemy & qu'il gaigne ses derniers retranchemens, il se faudra cantonner afin de composer, & mesme deuant que d'estre venu iusques à ses extremitez, l'on pourra demander du temps, & le Gouuerneur ne doit pas rendre la place que premierement il n'ait donné aduis de l'estat d'icelle au Prince, sa volonté & commandement exprés, & reconnu par des marques secrettes que les Lettres ne soient pas fauces, & lors qu'il les aura receuës il doit tenir le Conseil auec tous les chefs, faisant voir toute la necessité de la Place & l'aduis qu'il aura donné au Prince, lequel pourroit conclure de demander composition, en estant pressez par la necessité. Le Gouuerneur prendra tous les tesmoins par escript, comme il n'a point manqué à son deuoir, & fera voir aussi les munitions & en fera son rolle que tous les chefs signeront pour sa descharge. Cela estant ainsi resolu on fera battre la Chamade, & le tambour demandera à parlementer, & durant ladite tréve l'on ne tirera de part n'y d'autre, n'y mesme on ne trauaillera. Pour traicter on demãdera des personnes qui en ayent le pouuoir, & on en enuoyera de ceux de la place pour ostages. Pour asseurance, ceux qui entreront dans la place auront les yeux bandez iusques à ce qu'ils soient au Conseil, & en resortant tout de mesme

Estans

Estans à l'Assemblée, on leur proposera les conditions les plus auantageuses que faire ce poura, comme les suiuantes : Qu'ils auront tous la vie sauue, & qu'il ne sera fait tort aux soldats ny aux Habitans, que ceux qui voudront sortir le pourront auec leurs femmes & enfans, Et qu'ils sortiront tambour battant, la mesche allumée des deux bouts, enseigne desployée, balle en bouche auec quelque piece d'Artillerie, & que les assiegeans seront obligez de leur donner chariots & cheuaux pour porter leur bagage, malades & blessez, auec escorte iusqu'au lieu de seureté, & que la ville ne sera point pillée, Que ceux de la Place ne seront pas contraincts en leur Religion, & que ceux qui demeureront seront vrais sujects du Prince conquerant & plusieurs autres choses. Il faut bien prendre garde qu'il n'y ait point d'equiuoque, & que tout soit expliqué nettement & en bonne-foy, l'on doit demander temps pour sortir : Mais si l'on croit auoir mauuaise capitulation, il faudra tascher de sortir secrettement, si on le peut faire, sinon, il faut vendre sa vie le plus cher que l'on pourra. Le remede contre les prises d'amblée est de faire bonne garde, & de mettre des herses, des orgues & autres defences aux portes crainte du petar.

Lors que l'Ennemy leuera le Siege on pourra tirer toute l'Artillerie dessus, & tascher de le battre en queuë : mais il faut craindre que ce ne soit vne feinte. Lors que l'Ennemy sera party on démolira tout ce qui peut nuire à la ville, en comblant les tranchées, rompant les loges, racommodant ce qui sera démoly de la place : Si l'Ennemy laisse quelques viures, il n'en faut pas manger, de crainte qu'ils ne soient empoisõnés, il faut estre tousiours en mefiance auec l'Anemy.

De la Castramentation, qui est l'ordre de loger vne armée en Campagne. Seconde maniere de fortifier.

DEFINITION.

Camper vne Armée, c'est la loger en telle sorte qu'elle puisse resister à vne Armée plus puissante qu'elle si elle en est assaillie, & qu'elle soit à l'abry de l'injure du temps, elle se fait de trois sortes.

Dont la premiere est celle qui se fait en gaignant pays, comme pour aller mettre le Siege deuant quelque Place ou autre dessein, en cette maniere si on se trouue esloigné de l'Ennemy, on se pourra loger en quelque village & s'y baricader, mais le quartier de l'Artillerie & munitions, doit tousiours estre campé de peur du feu.

La seconde maniere est celle qui se faict au Siege des Places où on se doit retrancher le mieux qu'il sera possible à cause que les quartiers sont diuisez d'vn grand esloignement quelques fois ou d'vne Riuiere.

La troisiesme, est la maniere de loger vn camp volant, qui n'a point de lieu asseuré, mais qui change à tous moments pour s'opposer aux desseins de quelque Ennemy qui veut enuahir quelque pays, c'est ainsi que Fabius rompit le dessein d'Anibal, & le chassa d'Itallie, & en ces trois manieres il faut faire essection du lieu, le mesurer pour en prendre ce qu'il en faut, & l'enclorre de tranchée ou de Cheuaux de frize, & palissade s'il y a quelque aduantage de nature.

De l'Essection du lieu.

Il faut que l'endroit où l'on veut camper ne soit commandé d'aucun lieu, qu'il soit proche d'vne riuiere pour faciliter l'abord des munitions, pour fortifier le camp & pour abreuuer les animaux, il faut prendre garde que l'on ne puisse couper le passage des viures.

S'il y a quelque bois duquel on ne soit guieres esloigné, il s'en faudra rendre Maistre, bastissant quelque fort dedans, autrement l'Ennemy y dresseroit tous les iours des ambuscades.

La raze campagne est la meilleure, car on peut découurir l'Ennemy de loing & le saluër à coups de Canons, & l'on aura temps de se ranger en bataille pour le receuoir, les lieux marecageux sont sujects à la peste, Il faut sçauoir si le lieu ne peut estre sumergé de l'Ennemy en laschant quelque écluse, rompant quelque digue ou autrement, ou par les torrens & débordements de riuiere, c'est pourquoy il faut connoistre le pays.

Si l'on assiege vne place, il en faut estre assez esloigné pour n'estre pas molesté du Canon de la place.

De la mesure du Camp & premier du logement de l'Infanterie & Caual. expliqué sur ses figures.

Soit AB. de 300. pieds DC. est 40. pieds qui est la longueur de la tante du Capitaine, auec deux ruës DE. & CB. chacune de 30. pieds, EF. est de 20. pieds qui est pour les viuandiers AB. est de 180. qui est la longueur d'vne file, qui contient 15. huttes & leur largeur AG. ou HI. aussi bien que la ruë GH. sont chacunes de 8. pieds pour l'infanterie, mais AL. & RQ. qui sont les huttes des Caualiers aussi bien que les Escuries PO. & NM. sont chacunes de 10. pieds, les ruës QP. & ML. sont chacunes de 5. pieds, mais ON. qui est au milieu est de 20.

Pour loger vn Regiment de Cauallerie de quatre Cornettes, il faut mettre les compagnies a costé l'vne de l'autre, & le Colonel n'aura pas plus d'espace qu'vn autre, d'autant qu'il n'a pas plus de bagage, ils seront separez d'vne ruë de 20. pieds.

Pour vn Regiment d'infanterie, on met les Compagnies a costé les vnes des autres, sçauoir la premiere à la droicte, la seconde à la gauche suiuant l'ordre des nombres descripts, il y à vne place au milieu de 50. pieds pour la tante du Colonel, le quadrangle GIHF. est pour les Officiers du Regiment.

Des cinq Quartiers.

Outre la Cauallerie & infanterie, il y à cinq autres quartiers qui ont chacun trois cens pieds de profondeur.

Le premier est celuy du General marqué M. qui est grand à proportion de sa suitte.

On laisse vne place vuide deuant luy marquée X. qui à veue sur la Campagne.

Le quartier de l'artillerie est derriere celuy cy marqué G. qui doit estre proportionné selon la liste des choses qui y doiuent estre logees, on loge le general au milieu, & son lieutenant derriere luy, ce quartier doit estre retranché de crainte du feu à cause des munitions.

Le troisiéme, est le quartier des chariots ayant la liste, & sçachât que pour chaque chariot auec trois cheuaux on donne vn rectangle qui à dix huict pieds d'vn costé & douze de l'autre, & que les ruës en emportent autant, il sera facile de le trace .

Le quatriesme, est le quartier du marché qu. ce fait grand à proportion de la grandeur du Camp.

Le cinquiesme, est celuy des Officiers, comme Mareschaux de camp, Sergens de bataille, les volontaires, les Ambassadeurs & estrangers & suruenans s'y logent aussi, c'est pourquoy il ne doit pas estre trop petit, ces trois derniers se mettent à discrection selon la cõmodité du lieu.

De l'inuention de traſſer vn Camp.

Lors que l'Armée ſera aſſez prés du lieu où elle doit camper, elle fera alte, vn des Mareſchaux de camp accompagné des ingenieurs & autres, eſtant eſcortez de quelque brigade de l'auant-garde, ils iront recõnoiſtre toutes les aduenues, & y poſera des ſentinelles tant de Caualerie que d'Infanterie, apres il aſſignera vn lieu pour la place d'Arme qu'il fera voir ou ſçauoir à tous les majeurs des brigades pour y conduire leurs trouppes en cas d'allarme, & ſe rengeront ſelon l'ordre qui leur ſera donné, apres on eſlira le lieu le plus propre pour le general, & ainſi de tous les autres quartiers, ce qui ce fera en cette ſorte.

Il faut auoir pluſieurs petits rectangles de quartons qui repreſenteront tous les quartiers qui ſeront meſurez ſelon vne eſchelle ou petit pied, auec lequel ſe doit traſſer le plan du lieu où l'on doit camper, apres il doit diuiſer ce plan par des lignes paralelles de 350. en 350 pieds, & de chacune eſpace, il en doit retrãcher vne ruë large de 50. pieds, apres on diſpoſera ſes petits rectangle ſur les eſpaces traſſées ſelon ce qui ſera iugé à propos, on le preſentera au general, pour voir s'il luy agrée, & enſuitte dequoy on traſſera le camp ſuiuant le modelle, ſçauoir premierement les quartiers generaux, enſuitte leurs diuiſions & ſubdiuiſions.

De la tranchée ou fortification du Camp.

Les quartiers eſtans traſſez, on laira vne

place d'Arme tout autour du Camp qui est comme vne grand ruë large de deux cens ou trois cens pieds apres on mesurera l'anceinte du camp pour en faire la tranchée, & on dira par la reigle de compagnie conbien chaque regiment en doit faire en espargnant ceux qui doiuent estre de garde, il leur sera fourny des Magasins toutes choses necessaires, cõme picques, hoyaus, hotes, pelles & autres vstancilles par conte qu'il rendront de mesme, apres on posera bonne garde par tout, & les soldats iront chercher du bois & de la paille pour se huter.

Pour la forme de la tranchée, elle se fait en redans, où elles se fortifient auec des redoutes ouurages à cornes simples ou flanquez, forts de campagne triangle, quarré & autres, suiuant la scituation & commodité du lieu, l'inuention de les construire a esté donnée cy deuant, c'est ce que l'on peut dire succintement, la pratique donnera la cognoissance du reste.

G.	*Sinus.*	*Tengen.*	*Secantes.*	*Sinus.*	*Tangentes.*	*Secantes.*	G.
0.	0.	0	100000.	100000.	Infiny.	Infiny.	90.
1.	1745.	1745	100015.	99948.	5728996.	5729868.	89.
2.	3489.	3492.	100060.	99939.	2863625.	2865370.	88.
3.	5233.	5240	100137.	99862	1908113	1910732.	87.
4.	6975	6992.	100244.	99756.	1430066.	1433558.	86.
5.	8715.	8748.	100381.	99619.	1143005.	1147371.	85.
6.	10452.	10510.	100550.	99452	951436.	956077.	84.
7.	12186.	12278	100750	99254.	814434.	820550.	83.
8.	13917.	14054.	100982.	99026.	711536.	718529.	82.
9.	15643.	15838.	101246.	98768.	631375.	639245.	81.
10.	17364.	17632.	101542.	98480.	567128.	575877.	80.

11.	19080.	19438.	101871.	98162.	514455.	524084.	79.
12.	20491.	2 255.	102234.	97814.	470463.	480973.	78.
13.	22495.	23086.	102630.	97437.	433147.	444541.	77.
14.	24192.	24932.	103061.	97029.	401078.	413356.	76.
15.	25881.	26794.	103527.	96592.	373205.	386370.	75.
16.	27563.	28674.	104029.	96126.	348741.	362795.	74.
17.	29237.	30573.	104569.	95630.	327085.	342030.	73.
18.	30901.	32491.	105146.	95105.	307768.	323606.	72.
19.	32556.	34432.	105762.	94551.	290421.	307155.	71.
20.	34202.	36347.	106417.	93969.	274747.	292380.	70.
21.	35836.	38386.	107114.	93358.	260508.	279042.	69.
22.	37460.	40402.	107853.	92718.	247508.	266946.	68.
23.	39073.	42447.	108636.	92050.	235585.	255930.	67.
24.	40673.	44522.	109463.	91354.	224603.	245859.	66.
25.	42261.	46630.	110337.	90630.	214450.	236620.	65.
26.	43837.	48773.	111260.	89879.	205030.	228117.	64.
27.	45399.	50952.	112232.	89100.	196261.	220268.	63.
28.	46947.	53170.	113257.	88294.	188072.	213005.	62.
29.	48480.	55430.	114335.	87461.	180404.	206266.	61.
30.	50000.	57735.	115470.	86602.	173205.	200000.	60.
31.	51503.	60086.	116663.	85716.	166427.	194160.	59.
32.	52991.	62486.	117917.	84804.	160033.	188707.	58.
33.	54463.	64910.	116[illegible]36.	83867.	153986.	183607.	57.
34.	55919.	67450.	120621.	82903.	148256.	178829.	56.
35.	57357.	70020.	122077.	81915.	142814.	174344.	55.
36.	58778.	72654.	123606.	80901.	137638.	170130.	54.
37.	60181.	75355.	125213.	79863.	132704.	166164.	53.
38.	61566.	78128.	126001.	7880.	127994.	162426.	52.
39.	62932.	80978.	128675.	77714.	123489.	158901.	51.
40.	64278.	83909.	130540.	76604.	119175.	155572.	50.
41.	65605.	86928.	132501.	75470.	115030.	152425.	49.
42.	66913.	90040.	134563.	74314.	111061.	149447.	48.
43.	68199.	93251.	136732.	73135.	107236.	146627.	47.
44.	69465.	96568.	139016.	71933.	103553.	143955.	46.
45.	70710.	100000.	141421.	70710.	100000.	141421.	45.
G.	*Sinus.*	*Tangen.*	*Secant.*	*Sinus.*	*Tangent.*	*Secantes.*	*G.*

www.ingramcontent.com/pod-product-compliance
Ingram Content Group UK Ltd.
Pitfield, Milton Keynes, MK11 3LW, UK
UKHW020217200726
13856UKWH00004B/1449

9 782013 503068